爆笑化学江湖

破解氧化还原大法

王冶 —— 著绘

U0160747

中信出版集团 | 北京

图书在版编目（CIP）数据

破解氧化还原大法 / 王冶著绘 . -- 北京 : 中信出
版社 , 2024.4（2024.10重印）
（爆笑化学江湖）
ISBN 978-7-5217-5736-1

Ⅰ . ①破… Ⅱ . ①王… Ⅲ . ①化学 - 少儿读物 Ⅳ .
① O6-49

中国国家版本馆 CIP 数据核字 (2023) 第 086882 号

破解氧化还原大法
（爆笑化学江湖）

著 绘 者：王冶
出版发行：中信出版集团股份有限公司
　　　　　（北京市朝阳区东三环北路27号嘉铭中心　邮编　100020）
承 印 者：北京尚唐印刷包装有限公司

开　　本：787mm×1092mm　1/16　　印　张：38　　　字　数：1000千字
版　　次：2024年4月第1版　　　　印　次：2024年10月第3次印刷
书　　号：ISBN 978-7-5217-5736-1
定　　价：140.00元（全10册）

出　　品：中信儿童书店
图书策划：喜阅童书　　　　　　　策划编辑：朱启铭　由蕾　史曼菲
责任编辑：房阳　　　　　　　　　营　　销：中信童书营销中心
封面设计：姜婷　　　　　　　　　内文排版：杨兴艳

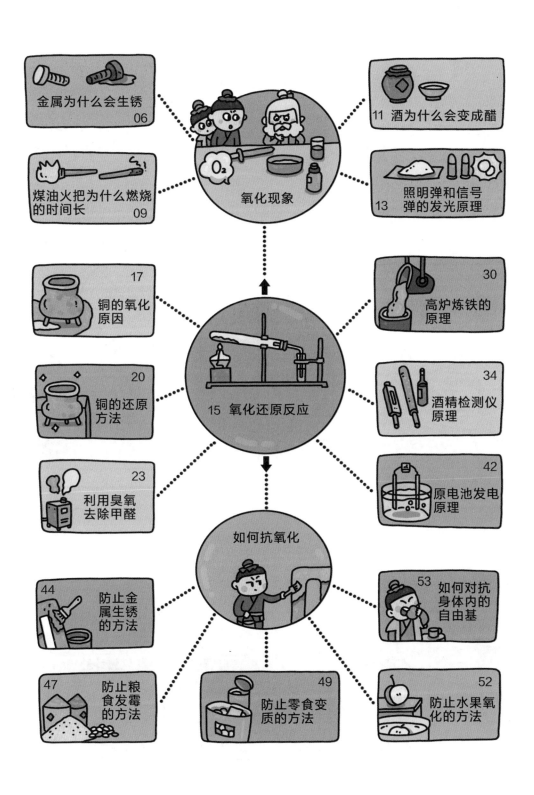

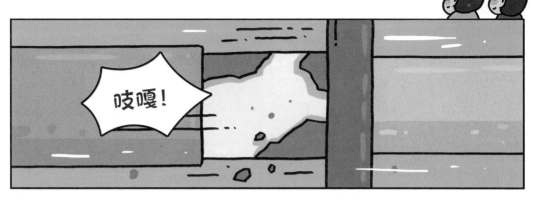

吱嘎！

拔出来了！

咣！

啊！我的牙！

别难过，我把刀卖了换钱给你镶牙。

你这破刀谁能买呀！

除完锈就好了，你看！他那里能除锈。

祖传除锈

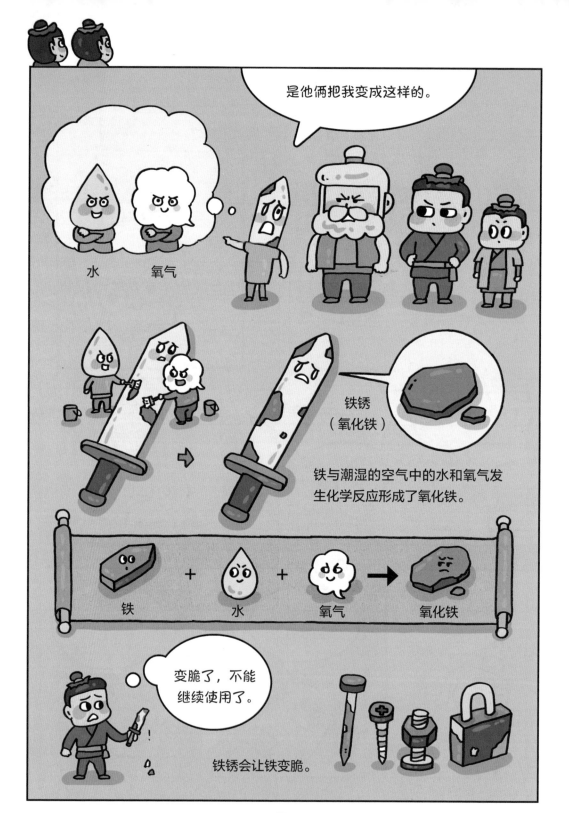

是他俩把我变成这样的。

水　　氧气

铁锈
（氧化铁）

铁与潮湿的空气中的水和氧气发生化学反应形成了氧化铁。

铁　　+　　水　　+　　氧气　　→　　氧化铁

变脆了，不能继续使用了。

铁锈会让铁变脆。

我的火把这么快就灭了!

你没蘸煤油吧?

你的火把煤油蘸得太多了吧,多危险呀!

啊呀呀呀!

为什么我的火把不像他的那样能燃烧很长时间?

因为他的火把是煤油火把,燃烧的是上面的易燃物煤油,而不是木棍和缠绕的麻绳。

蘸上煤油。

在木棍上缠绕布料或麻绳。

煤油

一般情况下,煤油火把能燃烧十五分钟以上。

煤油在点燃的条件下与氧气充分反应,产生二氧化碳和水。

煤油 + 氧气 → 二氧化碳 + 水

燃烧是剧烈的氧化反应。

铁器生锈、粮食酿酒、酒变成醋是缓慢的氧化反应。

你们这里能易容吗？

能呀！

我想改变一下。

没问题，交给我们吧。

酒精（乙醇）

醋酸菌

氧气

不用紧张。

好了，易容完成。

现在你从原来的乙醇变成乙酸了，俗称"醋酸"。

你为什么要改变呀？

我们当地的人爱喝酒，总是抓我。

那估计你还得易容一次。

为什么啊？

因为这里的人爱喝醋，还是会抓你的。

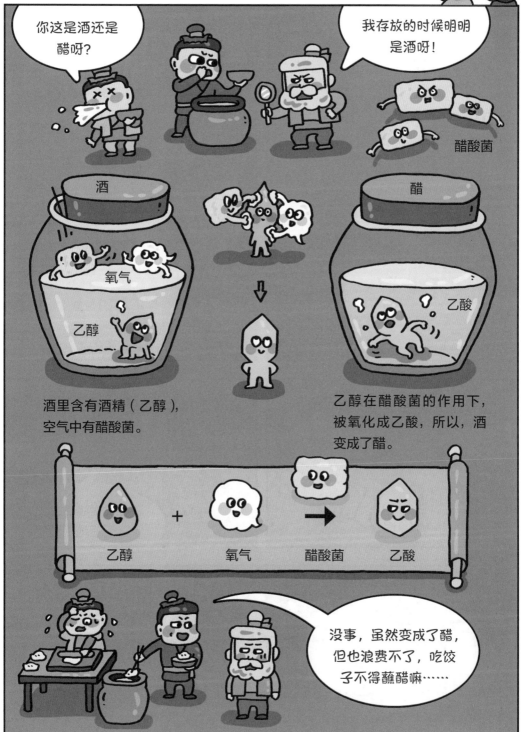

酒里含有酒精（乙醇），空气中有醋酸菌。

乙醇在醋酸菌的作用下，被氧化成乙酸，所以，酒变成了醋。

氧化反应简单来说就是物质与氧气发生反应或者是与其他物质中的氧元素发生反应。

氧化反应

物质　　氧气

物质　　　物质

氧

信号弹和照明弹都含有这些材料。

镁粉

铝粉

镁　＋　氧气　→　氧化镁

铝　＋　氧气　→　氧化铝

弹体里面装着镁粉和铝粉。

镁和铝在氧气中燃烧会发出耀眼的白光，放出热量，生成氧化镁和氧化铝，这两个反应都属于氧化反应。

信号弹能将方圆1千米内的景物照亮，照明弹的亮度比信号弹还要强。

送你一个氢气球。

不要，我忙着生火呢。

氧化铜

拿着，别客气！

把它拿远点，氢气球遇到明火会……

咣！

哎呀！

我忘了氢气球遇到明火，或者温度过高，会有爆炸的危险。

咦，怎么有水！

呀！头发也没了，你没事吧？

没事，现在我是纯铜了。头发没了更好，以后连洗发水都省了。

怎么总跟着我?

咱俩是伙伴啊。

氧化反应

还原反应

在化学反应中，还原反应与氧化反应密不可分，合在一起称为氧化还原反应。

氧化还原反应中有 4 类物质。

还原剂

氧化产物

氧化剂

还原产物

用氧化铜在氢气中加热的反应举例子你就懂了。

有点复杂，不容易区分呀!

还原反应

氧化剂 ＋ 还原剂 → 还原产物 ＋ 氧化产物

氧化铜　　　氢气　　　　铜　　　水

氧化反应

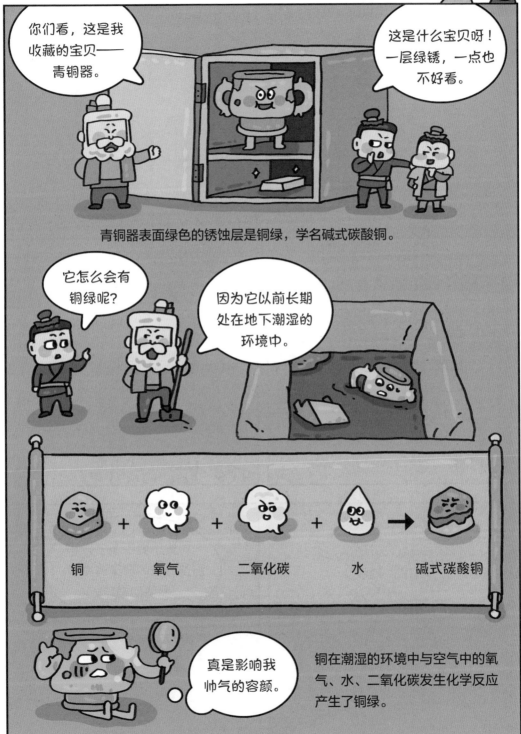

我要去洗掉绿色。

浴池

汗蒸房没有人，我进去蒸一蒸。

在高温下铜绿变成了氧化铜。

再给木炭加一些水，多接触一些碳。

噗！

终于变干净了，那些绿色的铜绿消失了，我变回铜了。

臭氧气体有很强的氧化性，具有杀菌作用。臭氧可以与甲醛发生化学反应，利用这一点可以用来除甲醛。

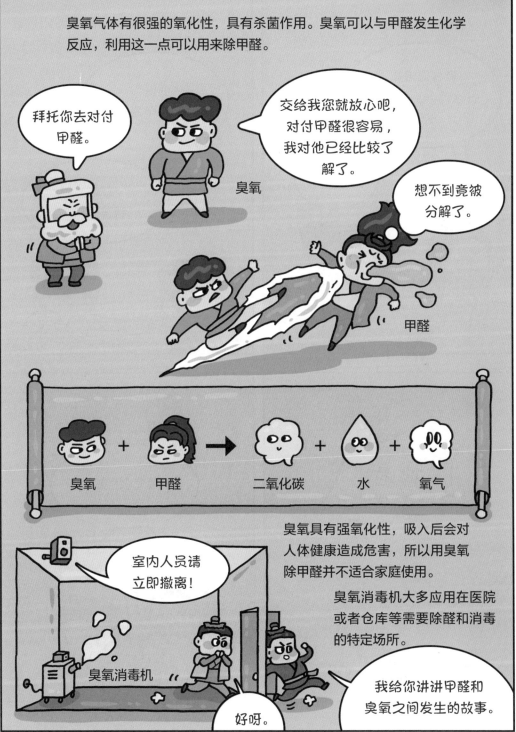

拜托你去对付甲醛。

交给我您就放心吧，对付甲醛很容易，我对他已经比较了解了。

臭氧

想不到竟被分解了。

甲醛

臭氧 ＋ 甲醛 ➡ 二氧化碳 ＋ 水 ＋ 氧气

臭氧具有强氧化性，吸入后会对人体健康造成危害，所以用臭氧除甲醛并不适合家庭使用。

臭氧消毒机大多应用在医院或者仓库等需要除醛和消毒的特定场所。

室内人员请立即撤离！

臭氧消毒机

我给你讲讲甲醛和臭氧之间发生的故事。

好呀。

我根本感觉不到痛。

咣！

危险动作，请勿模仿。

这是生铁，如果再找些其他物质跟生铁结合，就能形成合金，强度更高。

再比如生铁除碳后就能炼成钢。

更没感觉了！

我喝口水就回来。

榴梿！

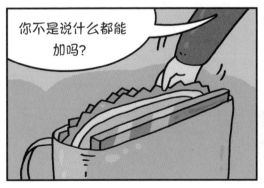
你不是说什么都能加吗？

哎呀！不是啥都能加，你得加能和生铁产生化学反应的物质。

好痛！

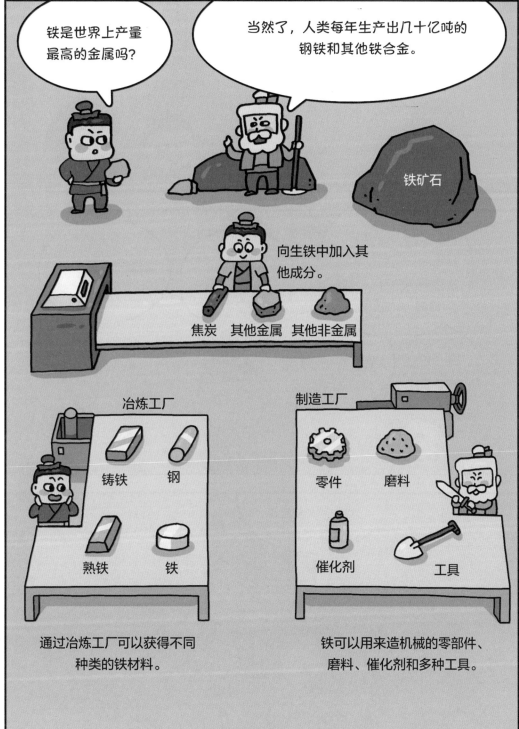

我俩是"氧化铁"组合，关系非常亲密，谁也不能将我俩分开。

我不信。

你不信，那我们打个赌。如果你有办法让我俩分开，我就给你一个红包。

赌就赌，我找我的朋友来帮忙。

准备一个高温的环境。

太热了，我受不了了。

我会跟一氧化碳组成二氧化碳，然后离开这里。

你可是属于我的"氧"呀！

嗖！

咣！

哎呀！

没了"氧"我现在变成了铁。我和你之间的打赌，我认输了。

你答应给我的红包呢？

"红包"不是已经给你了嘛！

一氧化碳能把铁从铁矿石中还原出来，高炉炼铁就是利用了这一原理。

高炉炼铁的过程

向高炉加入铁矿石、焦炭和石灰石。

铁矿石主要成分是氧化铁。

碳 + 氧气 → 二氧化碳

二氧化碳 + 碳 → 一氧化碳

氧化铁 + 铁 + 二氧化碳
一氧化碳

铁矿石

焦炭

氧气

石灰石

石灰石可以将铁矿石里的杂质变成炉渣。

热风炉

铁水　炉渣

向高炉中通入氧气。

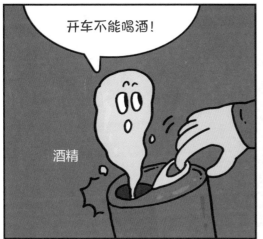

吱!

平时踩刹车,身体反应速度正常,车能及时停住。

哎呀!

咣!

喝酒之后,酒精使身体反应迟钝,踩刹车时为时已晚。

我说这些你听不懂吗?你还喝!

我现在喝不影响开车呀!

我的车被追尾,现在是停在拖车上呢。

哦,我还以为你在开车呢。但是你不怕被人误会吗?

你身上有酒味!饮酒了吗?事故跟你到底有没有关系?

不喝了,我的行为的确不妥,以后不会这样了。

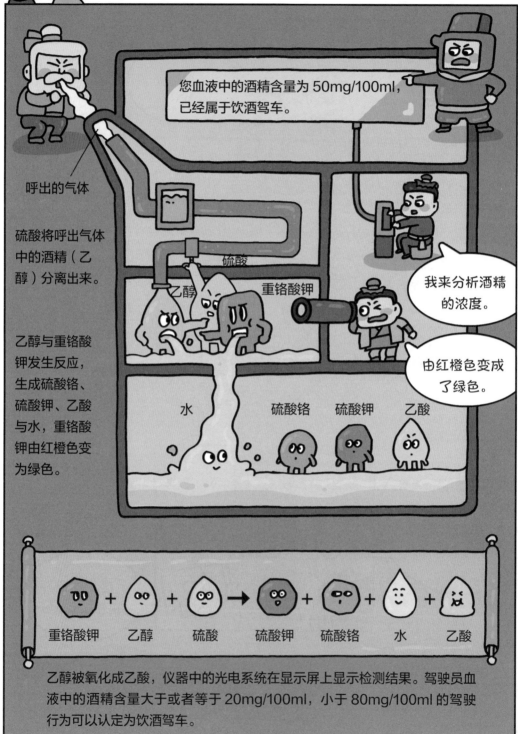

您血液中的酒精含量为 50mg/100ml，已经属于饮酒驾车。

呼出的气体

硫酸将呼出气体中的酒精（乙醇）分离出来。

乙醇与重铬酸钾发生反应，生成硫酸铬、硫酸钾、乙酸与水，重铬酸钾由红橙色变为绿色。

硫酸

乙醇

重铬酸钾

我来分析酒精的浓度。

由红橙色变成了绿色。

水　　硫酸铬　硫酸钾　乙酸

重铬酸钾 ＋ 乙醇 ＋ 硫酸 → 硫酸钾 ＋ 硫酸铬 ＋ 水 ＋ 乙酸

乙醇被氧化成乙酸，仪器中的光电系统在显示屏上显示检测结果。驾驶员血液中的酒精含量大于或者等于 20mg/100ml，小于 80mg/100ml 的驾驶行为可以认定为饮酒驾车。

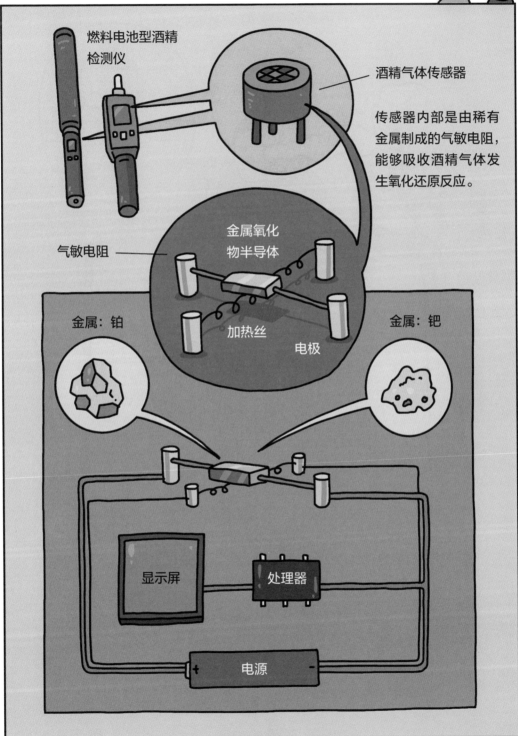

燃料电池型酒精检测仪

酒精气体传感器

传感器内部是由稀有金属制成的气敏电阻，能够吸收酒精气体发生氧化还原反应。

气敏电阻

金属氧化物半导体

金属：铂

加热丝

电极

金属：钯

显示屏

处理器

电源

那些工厂将含有硫酸的工业废水都排到河里了。河水这么急，我们怎样过去才能保证安全？

别急，让我想一想。

铜

锌

我这里正好有一根金属线，把咱俩连在一起会安全一点，一个人被冲走，另一个人可以拽住他。

咦，有气泡从水里冒出来。

咕嘟！

咕嘟！

你看你，怎么在水里放屁呢？鱼都被你熏死了。

我没有呀。

在稀硫酸溶液中，放入锌片与铜片，通过导线连接，导线上安装电流计。通过观察会发现铜片附近有气泡产生。电流计指针偏转，说明导线中有电流通过。

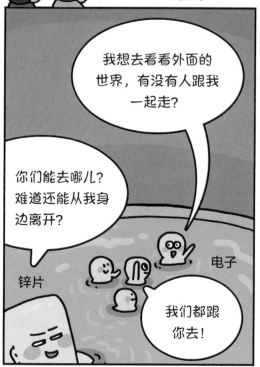

在电化学的理论中，物质失去电子的反应称为氧化反应，得到电子的反应称为还原反应。

锌为了达到稳定结构，丢掉了最外层的电子，此时属于氧化反应。

电子通过导线来到铜片，与稀硫酸中的氢离子结合。氢离子得到电子，形成氢原子，此时属于还原反应。氢原子组合又形成了氢气分子。

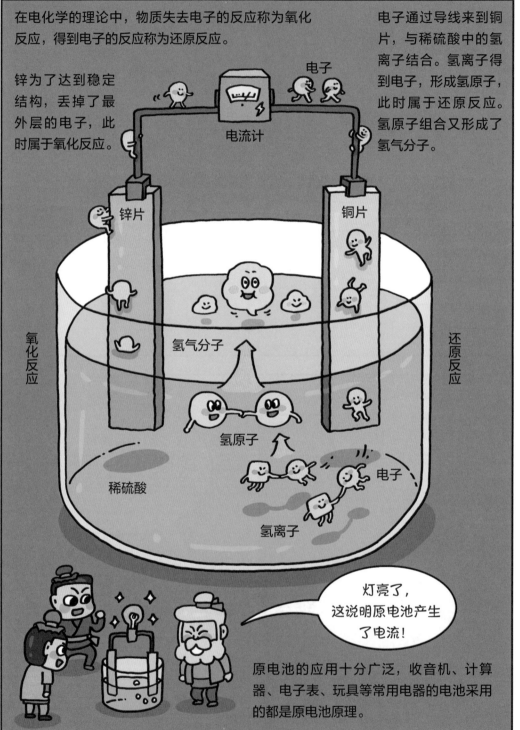

电流计

电子

锌片

铜片

氧化反应

还原反应

氢气分子

氢原子

稀硫酸

电子

氢离子

灯亮了，这说明原电池产生了电流！

原电池的应用十分广泛，收音机、计算器、电子表、玩具等常用电器的电池采用的都是原电池原理。

欢迎钢大哥来足疗。

我们有一种新的保养方法，要不要试一试。

好呀。

这种方法叫"镀铬"。

哇，效果这么好。

好亮呀！

我的头也应该保养一下。

噗！

有电，请勿模仿！

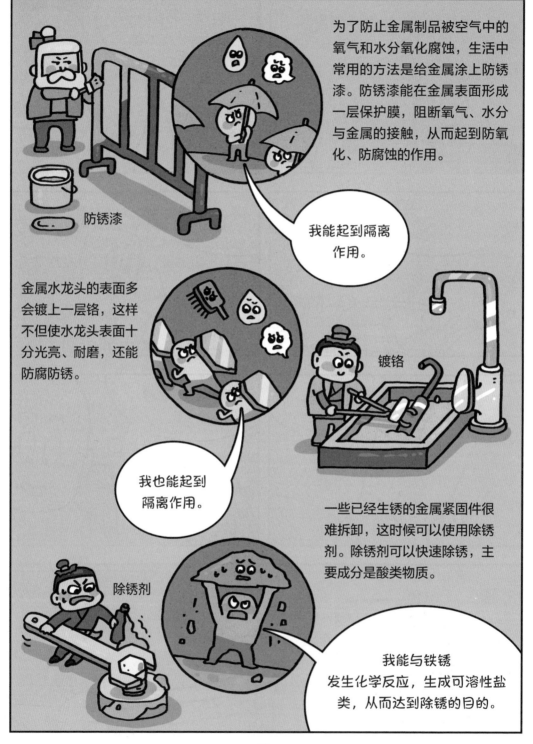

为了防止金属制品被空气中的氧气和水分氧化腐蚀，生活中常用的方法是给金属涂上防锈漆。防锈漆能在金属表面形成一层保护膜，阻断氧气、水分与金属的接触，从而起到防氧化、防腐蚀的作用。

防锈漆

我能起到隔离作用。

金属水龙头的表面多会镀上一层铬，这样不但使水龙头表面十分光亮、耐磨，还能防腐防锈。

镀铬

我也能起到隔离作用。

一些已经生锈的金属紧固件很难拆卸，这时候可以使用除锈剂。除锈剂可以快速除锈，主要成分是酸类物质。

除锈剂

我能与铁锈发生化学反应，生成可溶性盐类，从而达到除锈的目的。

催眠大法

我怎么会在这里?

粮食籽粒

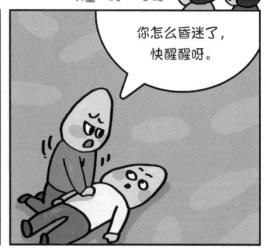

你怎么昏迷了,快醒醒呀。

你是不是还没晒干就被运到粮仓了。我们现在都是休眠状态。你的呼吸会招来细菌和微生物的。

微生物

哈哈,有新鲜的粮食。你们要倒霉了!

细菌

又来了什么人?

咣!

是谁在粮仓里吵闹呀?这里是我的地盘,我是这里的保护者。

氮气

氧气

◄ 45 ►

呼!

我能让他们都休眠,老老实实待着。

我作为氮气,在粮仓中起的作用特别大。

我一吹气就能让他们避免与你接触发生氧化。

你怎么了?

我突然觉得他们晕倒其实是被你的口臭熏的。

咳咳!

一顿不吃饿得慌。

"国以民为本，民以食为天，食以粮为主。"粮食是生活的必需品。

粮仓

粮仓的工作人员需要特别关注粮食的温度。粮食为什么会发热呢？

粮食籽粒细胞内的有机物会氧化分解成二氧化碳、水和热量，这就是粮食发热的原因之一。

植物的呼吸作用也属于氧化现象。

细胞内有机物 → 二氧化碳 + 水 + 热量

粮食发热会导致营养下降、发霉，甚至产生毒素，所以工作人员会利用氮气、烘干机、吹风机、冷却机、翻粮机等手段和设备来控制粮仓里面粮食的温度。

发霉、发热

还原铁粉能与食品袋中的氧气和水蒸气发生反应，生成氢氧化铁，从而降低食品袋中氧气的含量，起到防止食品氧化变质的作用。

为什么我的脸变得越来越黄？

这样也太难看了。

苹果

不是只有你这样。

我们也是如此，只要切开暴露在空气中，过一会儿也就变黄了。

土豆　茄子

我知道是什么原因造成的。

你们被切开之后，果肉接触到了氧气，

发生了氧化反应。接触的时间越长，颜色就变得越深。

我削了一个苹果，这一半给你吃。

我等一会儿再吃。

别等呀，切开的苹果一会儿就变黄，味道也不如新鲜的好了。

刚切开的苹果

放置一段时间后的苹果

为什么切开或者削皮的苹果放置一段时间后，果肉的颜色会变黄？

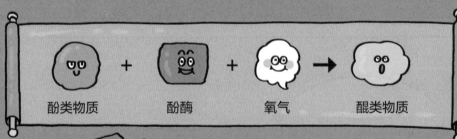

酚类物质　+　酚酶　+　氧气　→　醌类物质

有人认为是果肉细胞中的酚类物质在酚酶的作用下，与氧气发生反应，生成醌类物质，造成了变色。

用保鲜膜包裹或将苹果浸在水中，隔绝氧气，可以起到防止苹果氧化的作用。

我的鸡就是"自由鸡"，一直散养着的，这样的鸡也俗称"溜达鸡"。

你们赔我的"自由鸡"！

赔我的鸡！

赔我的鸡！

哎呀！

我们没吃你的"自由鸡"！

人体也会氧化?

当然了,人的衰老其实就是一种缓慢氧化。

自由基是人类衰老和患病的根源。

自由基

吸烟或者吸二手烟、酗酒、空气污染、水污染、紫外线、果蔬农药残留、药物滥用,都会导致人体内产生大量的自由基。

自由基会对正常细胞和组织造成损害,引起多种疾病。

人体内有抗氧化系统,但通过食物获得抗氧化物质是对抗氧化最简单且有效的方法。

含有抗氧化营养素的食物:葡萄、蓝莓、山竹、柚子、番茄、菠菜、海鱼、坚果、绿茶。

铁齿铜牙 ▶ ▶ ▶

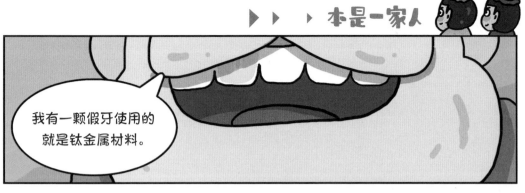

我有一颗假牙使用的就是钛金属材料。

效果很好!

这把刀也不容易拔出来。

嗖!

嘭!

我的牙!

对不起!对不起!